OBSERVATIONS

SUR LE

PROJET DE LOI

RELATIF A

L'EMPRUNT DE 25 MILLIONS

ET A LA PROROGATION

DE LA

SURTAXE DES BOISSONS

A L'OCTROI DE PARIS,

JUSQU'EN MIL HUIT CENT CINQUANTE-NEUF;

PRÉSENTÉES A LA CHAMBRE DES DÉPUTÉS, SOUS FORME DE PÉTITION,

PAR

M. HIPPOLYTE FAURE,

Délégué des propriétaires de vignes de Narbonne.

PARIS,

DAUVIN ET FONTAINE, LIBRAIRES,

PASSAGE DES PANORAMAS.

1847

Paris. — Imprimerie de BOULÉ, rue Coq-Héron, 3.

Le projet de loi relatif à l'emprunt de 25 millions et au maintien de la surtaxe des boissons, à l'octroi de Paris, jusqu'en 1859, a été présenté, il y a peu de jours, à la Chambre des Députés. Il a été soumis, le 10 mai, à la discussion des neuf bureaux, qui ont choisi, pour l'examiner, une commission spéciale composée ainsi qu'il suit :

1er bureau, M. Léon Faucher.
2e — M. Arago.
3e — M. Vivien.
4e — M. le marquis Just de Chasseloup-Laubat.
5e — M. Deslongrais.
6e — M. Locquet.
7e — M. Chasles.
8e — M. Dufaure.
9e — M. le marquis de Torcy.

Le 11 mai, cette commission, assemblée pour la première fois, a nommé pour président M. Arago, et pour secrétaire M. Léon Faucher.

Dans la séance du 26 mai, M. le marquis de La Grange, député de la Gironde, a déposé sur le bureau de la Chambre des Députés le texte manuscrit de la pétition que l'on va lire. Après en avoir fait connaître les conclusions, il a demandé que cette pétition fût renvoyée à la commission spéciale chargée d'examiner le projet de loi et dont nous avons fait connaître les noms. Ce renvoi a été ordonné.

Sommaire.

Exposé du projet de loi. — L'emprunt et la prorogation de la surtaxe. — Rectification d'un fait erroné contenu dans l'exposé des motifs.—Évaluation exacte de la surtaxe des boissons, à Paris. — Législation de la surtaxe, en 1816 et en 1842. — Principes et exceptions posés à ces deux époques. — Conséquences déplorables de l'exception autorisée par ordonnance; conséquences très graves de l'exception autorisée par une loi. — Différences entre les trois surtaxes de La Rochelle, de Rouen et de Paris. — Produits comparés de la surtaxe de Paris et de celles de 454 communes. — La cause soutenue par le Midi sera jugée, pour toujours, contre le Midi, par le fait même de la prorogation de la surtaxe.— Injustice de cette surtaxe. — Les boissons paient seules des droits au trésor, à l'entrée de Paris. — Produits comparés des diverses catégories soumises aux droits d'octroi. — Les boissons paient plus que les diverses catégories du tarif. — Inutilité de la surtaxe. — Moyens proposés pour s'en passer. — Conversion en droits d'octroi des remises attribuées à la Ville sur la vente en gros. — Révision générale du tarif. — Tableau de quarante-quatre articles non taxés à Paris. — La présence de divers articles dans le tarif de Paris est moins justifiée que celle des articles du tableau. — Précédens précieux: 1817-1823. — Onze articles ajoutés, à ces époques, produisent 3 millions. — Un plus grand nombre d'articles, ajoutés aujourd'hui, permettraient, non seulement d'amortir l'emprunt en six ans, mais encore de dégrever la viande et le vin. — Utilité et moralité de ces deux mesures, dans ce moment de disette. — Effets nuisibles des tarifs sur la consommation de la viande et du vin.— Réponse à une objection. — Résumé.

A MESSIEURS

LES MEMBRES

DE

LA CHAMBRE DES DÉPUTÉS.

MESSIEURS LES DÉPUTÉS,

M. le Ministre de l'intérieur vous a présenté, dans le courant de ce mois, un projet de loi qui a pour but d'autoriser la ville de Paris :

1° A contracter un emprunt de 25 millions de francs, destiné à pourvoir, concuremment avec les ressources municipales, à de grands travaux estimés devoir coûter une somme de 50 millions;

2° A proroger jusqu'au 31 décembre 1858 les surtaxes d'octroi perçues actuellement sur les boissons, pour en affecter le produit au remboursement de l'emprunt, qui aura lieu par annuités, en six ans, de 1853 à 1858 inclusivement.

Telles sont les dispositions de la loi proposée: j'en ai reproduit à peu près le texte.

La première disposition, celle qui est relative à l'emprunt, demande, pour être jugée sainement, un examen rigoureux des pièces et des devis qui justifient l'utilité des dépenses et l'exactitude des évaluations. Une commission spéciale est chargée de ce soin. Les documens principaux, inconnus aujourd'hui, seront communiqués à cette commission, qui devra émettre un avis motivé. Avant le résultat de cet examen, tout débat sur ce point serait prématuré. Pour le moment, dans l'intérêt de la discussion que je veux élever, dans l'intérêt même de la solution que je poursuis, j'admets l'emprunt comme utile; je l'admets dans les conditions où il est proposé, avec un amortissement effectué en six années.

J'admets l'emprunt, sur cette base, malgré le fait considérable suivant :

Un honorable membre du conseil municipal de Paris (1) a prouvé d'une manière irréfutable qu'en amortissant le capital en vingt ans, au lieu de l'amortir en six années, les ressources actuelles suffiraient pour exécuter les grands travaux projetés; que l'excédant annuel des recettes sur les dépenses était supérieur aux sommes nécessaires pour opé-

(1) M. Dupérier.

rer le paiement de l'emprunt. Malgré cette opinion importante, j'admets l'emprunt avec amortissement en six années, et, en l'admettant sur cette base, j'ai l'intention de faire ressortir avec plus de force encore l'inutilité et l'injustice de la prorogation des surtaxes.

Sans emprunt, la prorogation de la surtaxe est inutile. Cela n'est point contesté.

Avec l'emprunt amorti en vingt années, la prorogation de la surtaxe est également inutile. Cela est mathématiquement prouvé (1).

Une seule difficulté reste : la prorogation de la surtaxe est-elle utile avec un emprunt amorti en six années?

Le but du pétitionnaire est précisément de lever cette difficulté et de prouver que la prorogation de la surtaxe est aussi inutile, aussi mauvaise dans ce cas que dans les autres.

Je n'ai donc à m'occuper que de la seconde disposition de la loi, de celle qui a pour objet de proroger jusqu'en 1859 la surtaxe des boissons. C'est, sans contredit, la plus grave du projet de loi, c'est celle qui mérite l'examen le plus approfondi et le plus sérieux.

---

(1) Voir l'annexe A.

Malgré le peu de temps qui reste avant la discussion, je ne crains pas de l'aborder.

La prorogation de la surtaxe des boissons jusqu'en 1859 est contraire aux principes inscrits dans nos lois de finances ; elle est nuisible dans ses effets, inutile à la ville de Paris, et fatale à la production la plus importante du Midi, à la production la plus maltraitée du pays. Je viens demander à la Chambre des Députés de rejeter cette disposition du projet de loi ; de maintenir la loi de finances du 11 juin 1842 dans toute sa force, et de substituer, à la seconde partie du projet, des mesures plus équitables, plus en harmonie avec la gravité de la situation.

Avant d'exposer mes motifs, et de faire ressortir toute l'importance du sujet, je crois indispensable de fixer, avec un peu plus de vérité que dans l'exposé du projet de loi, le chiffre même de la surtaxe prélevée à Paris sur chaque hectolitre de vin. Cette rectification aura le double avantage de rétablir les faits dans leur vrai jour, et de préparer avec clarté la discussion même du sujet.

L'exposé des motifs contient ces mots :

« D'après le tarif en vigueur, le *droit d'octroi* sur les vins est de 10 fr. 50 c. par hectolitre, tandis que le *droit d'entrée*, qui se perçoit au profit du trésor, n'est que de 8 fr. La différence de 2 fr. 50 c. constitue donc la plus forte partie de la surtaxe dont la prorogation est demandée. »

Ces lignes renferment une erreur qu'il importe de relever.

L'honorable auteur de l'exposé des motifs, en jetant un coup d'œil rapide sur les tarifs en vigueur à Paris, a vu, d'un côté, les droits de la ville à 10 fr. 50 c.; de l'autre, les droits du trésor à 8 fr. Il en a conclu que la surtaxe des vins était de 2 fr. 50 c. Il a commis une erreur. La surtaxe est l'excédant du droit *d'octroi* sur le droit *d'entrée*; or, le chiffre de 8 fr. ne représente pas seulement le *droit d'entrée*; il est l'expression d'une taxe unique, qui comprend à la fois le droit *d'entrée*, le droit de *circulation*, le droit de *détail* et le droit de *licence*.

Deux documens importans, — une loi et un rapport de budget émané d'une commission que présidait l'ex-ministre des finances, M. Lacave-Laplagne, — ne laissent aucun doute sur la justice de la réclamation que j'élève ici. En voici, du reste, la preuve :

La loi de finances relative aux crédits provisoires pour 1831, promulguée le 12 décembre 1830, contient une annexe, où les divers taux du droit d'entrée et du droit de circulation pour le vin et le cidre, du droit de détail pour le vin, du droit de consommation pour l'alcool, sont établis d'une manière précise : quelques uns, d'après un tarif fixe ; d'autres, d'après une échelle graduée dont la population est la base. Pour Paris, soumis à un régime d'exception, le tableau annexé contient ce qui suit :

REMPLACEMENS *aux entrées de Paris :*

Cidre.	4 fr.
Vin..	8
Alcool.	50

Il est bien évident, d'après le texte même de cette loi, que le chiffre de 8 fr. ne s'applique pas au droit d'entrée *seul ;* il s'applique à tous les droits du trésor, puisqu'il les *remplace.* L'excédant du droit d'octroi sur le droit d'entrée peut seul constituer une surtaxe. S'il en était autrement, si cette nature d'impôt était l'excédant du droit d'octroi sur tous les autres, il y aurait rarement des surtaxes ; car si les villes en masse prélèvent de 25 à 30 millions sur les boissons, le trésor, à lui seul, en prélève 120. Il est donc bien clair, il est bien établi que la surtaxe de Paris est supérieure au chiffre donné par l'exposé des motifs.

Dans quelle proportion cette surtaxe est-elle supérieure au chiffre de l'exposé des motifs? Quelle part prend le droit d'entrée dans la taxe de *remplacement*, dans la taxe unique de 8 fr.? C'est ce que l'administration des contributions indirectes s'est chargée d'expliquer elle-même à la commission du budget de 1842, qui désira être édifiée sur ce point. D'après les renseignemens fournis par cette administration, il est constant que les droits de circulation, de détail et de licence sont représentés dans la taxe unique par une somme de 4 fr., et que le droit d'entrée se trouve représenté par une pareille somme de 4 fr.; il est constant encore que, contrairement aux dispositions du tarif municipal de Paris, qui établit une distinction entre les vins en cercles et les vins en bouteilles, le trésor perçoit un même droit sur les deux natures de vins. De ces dispositions diverses résulte une double conséquence fort remarquable :

1° Le taux du droit d'entrée, fixé à 4 fr., rapproché du droit d'octroi sur les vins en cercles, fixé à 11 fr. 55 c. (décime compris), fait ressortir une surtaxe de 7 fr. 55 c. par hectolitre;

2° Le même taux du droit d'entrée, rapproché du droit d'octroi sur les vins en bouteilles, qui est fixé à 19 fr. 80 c. (décime compris), fait ressortir une surtaxe de 15 fr. 80 c. (1).

Ainsi, des dispositions mêmes de nos lois sur les contributions indirectes, des calculs fournis par l'administration et contrôlés par une commission du budget, il résulte qu'en fixant à 2 fr. 50 c. le taux de la surtaxe, l'exposé des motifs a diminué le chiffre vrai, de 5 fr. pour une nature de vins, et de 11 fr. pour l'autre. La différence est assez grande pour être rectifiée.

---

(1) Au moment où notre travail allait être déposé sur le bureau de la Chambre, M. le marquis de La Grange, député de la Gironde, nous a donné communication du document que l'administration des contributions indirectes remit à la commission du budget des recettes, en 1842. Cette pièce officielle, qui émanait du ministère des finances et qui portait la signature du directeur même de l'administration, M. Boursy, est ainsi conçue :

« La décomposition de la taxe unique, facile pour les alcools, où le droit de remplacement est fixe et indépendant de la population et de la classe de département, devient plus difficile pour les vins, dont le tarif est soumis à une progression doublement croissante. A Paris, il n'existe point de droit d'entrée proprement dit sur les vins ; mais la taxe unique y remplace les droits d'entrée, de détail, de circulation et même de licence, car il n'y a point d'exercice dans l'intérieur de la ville. Le département de la Seine appartient à la troisième classe, où les villes de 50,000 âmes et au dessus paient 4 fr. d'entrée ; sur les 8 fr. prélevés à Paris par le trésor, la moitié s'appliquerait donc au droit d'entrée, et l'autre moitié au remplacement de toutes les autres taxes abolies par la suppression de l'exercice. Les 80 c. représentent le décime du trésor.

» D'après le principe que le droit d'octroi ne peut dépasser le

Le chiffre exact de la surtaxe est donc de 7 fr. 55 c. par hectolitre, pour les vins en cercles, et de 15 fr. 80 c. pour les vins en bouteilles.

Si je rapproche ces chiffres de ceux qui constatent les quantités entrées à Paris dans la dernière année, je trouve que le produit de la surtaxe a dépassé 8 millions de francs (1).

Tel est l'état de choses qui devait finir en 1852, et que le projet de loi a pour objet de maintenir jusqu'en 1859.

Ce point de départ bien établi, je passe au sujet même de la discussion.

A deux époques, depuis trente ans, les dispositions légales en matière de taxes d'octroi ont posé,

---

droit d'entrée, et en prenant pour base de ce dernier droit le chiffre de 4 fr., on l'a comparé au tarif de l'octroi, ce qui a fait ressortir pour les vins en cercles une surtaxe de 7 fr. 55 c. et pour les vins en bouteilles une surtaxe de 15 fr. 80. »

Voilà cette pièce importante. Elle confirme, sur tous les points, les faits que nous avons produits. Nous n'avons donc rien à changer à notre texte. Nous avons pour nous la commission du budget de 1842, qui était présidée par M. Lacave-Laplagne ; nous avons pour nous l'administration centrale des finances; nous avons pour nous le spirituel et habile auteur des *Considérations sur les Octrois* (*). Que faut-il de plus pour établir l'exactitude d'un fait ?

(1) 8,047,674 fr. 47 c.

(*) *Considérations sur les Octrois en général* (en deux parties), par M. le marquis de La Grange, député de la Gironde. — Bordeaux, 1844, chez Lavigne.

à côté de principes utiles et vrais, des dispositions exceptionnelles dont les résultats ont été abusifs. Le principe posé, à la première époque, en 1816, était celui-ci : L'État prélève des droits indirects sur quelques objets destinés à la consommation publique; il ne prélève rien sur d'autres objets. Quand les denrées déjà taxées par l'État se présentent à l'entrée des villes, les tarifs municipaux doivent tenir compte du premier tribut que ces denrées ont déjà payé, et combiner leurs taxes de telle sorte que le droit municipal ne dépasse jamais le droit du trésor. Tel était le principe.

L'exception posée parallèlement au principe était celle-ci : une ordonnance royale pourra permettre aux villes d'établir un droit supérieur à celui du trésor.

En fait, le principe inscrit dans la loi était sage, mais il y restait comme une lettre morte : l'exception seule était appliquée; elle paraissait seule en vigueur. Elle produisit des fruits si nombreux et si amers, qu'au bout de quelques années, près de la moitié des villes à octroi se trouvèrent avoir surtaxé les boissons. Quelques unes, profitant de la latitude donnée par ordonnance, avaient doublé, triplé et quintuplé à leur profit la somme perçue par le trésor; en définitive, les surtaxes se trouvaient contribuer pour 10,281,509 fr. 90 c. dans une recette générale de 25,202,632 fr. 61 c.; c'est-à-dire que sur chaque somme de 100 fr. prélevée à titre de droit d'octroi, la surtaxe était comprise pour 40 fr. 80 c. Peu d'abus financiers sont aussi flagrans.

A la première époque, une contradiction formelle existait donc entre le but de la loi et ses résultats. Ce que le législateur avait voulu prescrire était négligé ; ce qu'il avait voulu proscrire était, pour une grande partie de la France, un axiome de fiscalité municipale.

A la seconde époque, en 1842, la loi de finances du 11 juin posa, comme celle de 1816, un principe et une exception.

Le principe garantissait l'égalité entre les deux droits *d'octroi* et *d'entrée;* il établissait, de plus, que toutes les surtaxes existantes seraient abolies en 1852.

L'exception, posée à côté du principe, établissait qu'une loi pourrait déroger à la règle prescrite et autoriser les villes à établir des droits municipaux supérieurs à ceux du trésor.

Voilà les dispositions légales relatives aux surtaxes d'octroi.

A la seconde époque, comme à la première, en

1842 comme en 1816, un principe sage était donc proclamé ; mais l'exception admise était si périlleuse, elle entraînait des conséquences si funestes, que la vertu du principe restait bientôt sans effet. On peut en juger aujourd'hui, sinon par la multiplicité des faits qui découlent de la situation, du moins par la gravité des conséquences qui se produisent. Depuis 1842, en effet, deux atteintes ont été portées au principe; une troisième est imminente; et, dans le laps de temps où se sont produites ces regrettables tentatives, la situation a empiré de telle sorte que la dernière atteinte aux vrais principes financiers a toujours été la plus funeste.

Il y a deux ans, une première dérogation au principe de 1842 résulta de la loi du 9 mars 1845, qui autorisait la ville de La Rochelle à surtaxer les boissons. Ce fut un premier pas, timide, irrésolu, entouré de précautions et de réticences. La surtaxe proposée était minime; elle ne frappait que sur une ville où la consommation était faible. Le dernier recensement quinquennal venait, d'ailleurs, de constater dans la population de La Rochelle une diminution de deux mille habitans. Comptée comme ville de 15,000 âmes avant le recensement, et, comme telle, passible d'un droit d'entrée de 10 fr. par hectolitre d'alcool, La Rochelle se trouvait, après le recensement, classée parmi les villes de 13,000 âmes, et dès lors passible d'un droit plus faible de 8 fr. par hectolitre. La surtaxe proposée sur l'alcool étant de 1 fr. 60 c., il en résultait qu'ajoutée au droit nouveau, elle ne donnait qu'un taux de 9 fr. 60 c.; elle constituait ainsi au profit des habitans de La Rochelle une réduction de 40 c. par hectolitre sur le droit ancien. La conséquence parut singulièrement heureuse. Le raisonnement parut rare en finances; il fut triomphant. Les redevables, peu habitués à voir des aggravations d'impôts se traduire pour eux en diminutions de dépenses, promirent de délier leurs bourses avec empressement. La loi fut votée. C'est ainsi qu'une première atteinte aux principes de 1816 et de 1842 se trouva inscrite au *Bulletin des Lois*.

Une deuxième atteinte a eu lieu dans cette session même en faveur de la ville de Rouen. Le souvenir en est trop récent pour qu'il soit utile de le rappeler. Il suffira de citer deux chiffres pour montrer tout d'un coup et d'une manière frappante que cette seconde atteinte est beaucoup plus grave que la première.

La surtaxe proposée pour La Rochelle était de

1 fr. 60 c.; celle de Rouen est de 12 fr. 25 c. La surtaxe de La Rochelle était établie dans un pays où la consommation de l'alcool est faible (1 litre par tête). Celle de Rouen est établie dans un pays où la consommation par tête est supérieure à celle de toutes les villes de France (10 litres par tête). Il est bien évident, d'un côté, que l'excédant du droit du trésor sur celui d'octroi représente, pour chaque habitant de La Rochelle, une surcharge faible dont les effets doivent être peu sensibles pour la consommation; et, d'un autre côté, que la surtaxe de Rouen, huit fois supérieure à celle de La Rochelle et s'exerçant sur une consommation dix fois plus grande, doit être à la fois plus lourde pour les consommateurs et plus dangereuse pour la production.

Telle est l'importance et tel est le danger de la deuxième atteinte portée au principe de nos lois de finances.

La troisième atteinte se présente avec un caractère particulier de gravité.

Les deux surtaxes accordées, depuis 1842 jusqu'à ce jour, trouvaient leur limite dans le dernier article de la loi qui régit cette matière. Comme toutes les autres, ces deux surtaxes devaient cesser d'être perçues en 1852. Celle de Paris, au contraire, durera d'abord jusqu'en 1852, en vertu de la loi de finances en vigueur; elle durera ensuite, si la loi proposée est adoptée, jusqu'en 1859. En tout *onze ans*, à partir du 1er janvier prochain.

Cette différence n'est pas la seule. Ce résultat fâcheux n'est pas le seul.

La plus forte des deux surtaxes accordées, depuis 1842, celle de Rouen, fixée à 12 fr. 25 c., et calculée sur une consommation annuelle de 10,000 hectolitres, peut donner une recette brute de 120,000 francs. Celle de Paris, prélevée à la fois sur l'alcool et sur le vin, sera bien plus productive encore. Mais des calculs approximatifs ne suffisent pas. Il faut des faits précis, irrécusables. Citons-les.

La question des surtaxes n'a été examinée qu'une fois à fond par une commission du budget, celle de 1842. A cette époque, le Midi eut le bonheur de voir réunis dans cette commission deux de ses enfans, deux hommes intelligens, dévoués, actifs (1), qui, impressionnés jusqu'au fond de leur âme par les souffrances alors bien poignantes du Midi, voulurent essayer de les adoucir et de les calmer. Sur leur demande, l'administration des contributions indirectes remit à la commission du budget quel-

(1) MM. de La Grange et Th. Ducos, députés de la Gironde.

ques pièces relatives aux villes surtaxées, et aux produits que ces villes retiraient de leurs surtaxes. De ces pièces, dont l'exactitude ne sera pas, je pense, contestée, il résulta non seulement que les surtaxes produisaient plus à Paris que dans chacune des villes soumises à cette nature d'impôt, mais encore que le produit des surtaxes, dans cette ville, était plus que triple du produit général de toutes les surtaxes de France.

Les surtaxes d'octroi sur les boissons produisaient, à Paris.	7,989,642 fr.	62 c.
Les surtaxes de 454 autres communes produisaient	2,291,867	28
La somme produite par toutes ces surtaxes d'octroi était donc de.	10,281,509 fr.	90 c.

Ainsi, la part de Paris dans la recette générale des surtaxes était de 78 p. 100; celle des autres 454 communes surtaxées était de 22 p. 100.

D'après ces chiffres, le produit des surtaxes perçues ailleurs qu'à Paris, rapproché du nombre de villes qui le fournissent, fait ressortir, pour chaque localité, une surtaxe moyenne de 5,048 francs. C'est déjà énorme, et il est étrange que des villes soient autorisées en si grand nombre à percevoir une pareille somme, contrairement aux principes de nos lois financières. Eh bien! ce n'est rien, en comparaison de ce qui concerne Paris. Si l'on prend le produit moyen de la surtaxe afférente à chaque ville et qu'on le rapproche de celui qui est réalisé à Paris, on trouve que ce dernier est *quinze cent quatre-vingt-deux fois plus fort!*

Ces simples chiffres peuvent faire apprécier l'importance de la question qui se rattache à la prorogation des surtaxes à Paris ; ils doivent montrer que je n'exagère en aucune manière en disant que la troisième atteinte à la loi de 1842 se présente avec un caractère particulier de gravité.

Un projet de loi qui tend à prolonger un état de choses aussi funeste doit produire des effets bien tristes.

Le plus grave est celui-ci :

La prorogation de la surtaxe une fois accordée, le principe de nos lois financières sur cette matière est anéanti ; le principe des surtaxes est consacré d'une manière définitive ; et, comme l'abrogation de cette nature d'impôt est une des plus minimes améliorations que les viniculteurs sollicitent pour délier le faisceau d'entraves qui les gêne et les opprime, il s'ensuivra que, par le fait même de la prorogation de la surtaxe, la cause soutenue par le Midi sera perdue pour toujours.

J'en ai pour preuves deux symptômes nouveaux qu'il est utile d'indiquer.

Jusqu'ici, toutes les fois que l'on a soumis aux Chambres un projet de loi tendant à constituer une dérogation au principe de 1816 et de 1842, on y a mis des formes. On s'est empressé de rassurer les intérêts justement alarmés. On a dit que la concession faite en 1842 ne serait pas retirée; que le principe de nos lois financières serait appliqué et maintenu ; que, si l'on proposait une exception, c'était temporairement, dans un cas de force majeure, pour secourir une ville obérée ou pour soulager une population en détresse. On a dit : — « Vous avez raison de vous plaindre ; oui, les villes taxent trop vos denrées. Quand nous avons prélevé, sur les produits de votre agriculture, d'assez lourds impôts, les villes interviennent, et les taxent encore plus que nous. Cela n'est pas juste. Nous l'avons reconnu en 1842, nous le reconnaissons encore. Accordez-nous seulement la surtaxe indispensable que nous vous demandons, et soyez sûrs qu'à l'avenir nous nous montrerons de sévères et de rigides défenseurs de vos droits. Soyez d'ailleurs certains qu'en 1852 il n'y aura plus de surtaxe. » — Tel est le sens des discours prononcés, en 1845 et récemment, pour justifier les projets de loi relatifs à La Rochelle et à Rouen.

La situation est bien changée depuis. Les Chambres ont adopté sans trop de résistance la surtaxe de Rouen. Les propriétaires de vignes, justement émus, mais dispersés sur une région étendue du pays, n'ont pu réclamer avec cet ensemble qui donne de la consistance et de la force aux idées. Dès lors, les précautions, les ménagemens deviennent inutiles. On peut agir en toute liberté. L'exposé des motifs fait à peine une allusion aux graves intérêts qui se rattachent au projet de loi; il pose à peine la question; il se borne à enregistrer les chiffres erronés que j'ai rectifiés plus haut, et à dire dans le même paragraphe :

« *Ce n'est*, au surplus, *qu'en ce qui concerne les vins* que la question a quelque importance. »

Après cet argument, présenté un des derniers, comme un des meilleurs, l'exposé des motifs arrive aux conclusions. Que pourrait-il ajouter? Ce projet de loi n'a d'importance *que pour les vins!*

N'est-ce pas tout dire? En faut-il davantage pour que la loi soit adoptée? S'il s'agissait des fers dont la production intéresse quelques maîtres de forges puissans; s'il s'agissait de quelques unes de ces industries factices que nous maintenons sur notre sol à coups de tarifs, au grand détriment de notre marine, de notre agriculture et de notre commerce, les développemens ne manqueraient pas. On essaierait de prouver que des profits précieux ne seront pas entamés par la mesure proposée. Le projet de loi se ferait humble et petit. Mais il s'agit *des vins!* Belle misère!

Qu'est-ce, en effet, que *les vins!* Sur le sol brûlant du Languedoc et de la Provence, sur les coteaux de la Bourgogne et du Quercy, dans les terrains sablonneux de la Gironde, une population active et nombreuse féconde de ses sueurs une portion importante du pays. Les produits agricoles qu'elle crée sont estimés huit cents millions de francs. Ces produits paient aux villes, par l'octroi, trente millions; au trésor, par l'impôt direct, quinze millions; au trésor encore, par l'impôt indirect, plus de cent millions. Ces produits occupent six millions de bras. Ils forment la majeure partie de nos envois en Algérie; ils déterminent, avec les puissances étrangères, un mouvement commercial que les derniers documens de nos douanes portent au chiffre moyen de soixante-six millions. Ces produits, *ces vins*, sont-ils donc si peu de chose? Méritent-ils donc du mépris? Non. On peut trouver des industries manufacturières ou agricoles plus riches et plus florissantes. On ne pourra en citer aucune qui laisse dans le trésor public des traces aussi marquées. Aucune ne mériterait plus de sympathie. Malheureusement aucune, dans cette session du moins, n'a rencontré plus de dédain.

Le silence à peu près absolu de l'exposé des motifs sur les graves intérêts qui se rattachent au projet de loi, l'absence complète de toute promesse, de toute garantie pour l'avenir, voilà le premier symptôme du peu de sympathie qu'inspire aujourd'hui la production agricole du Midi ; voilà le premier symptôme de l'anéantissement des principes qui condamnent les surtaxes.

Le second symptôme résulte du projet de loi même, qui affecte le produit de la surtaxe à l'amortissement de l'emprunt. Je vois dans ce fait une solution pernicieuse de la question des surtaxes; j'y vois le maintien nécessaire, permanent, perpétuel de la surtaxe à Paris.

Peu de villes, peu d'États même, ont une situation financière plus brillante que la ville de Paris. Ses revenus s'élèvent à 46,500,000 francs. Son budget, vrai modèle de comptabilité financière, offre annuellement un boni de plusieurs millions de francs. Par un privilége rare, que les grands budgets pourraient envier, les recettes recouvrées dépassent toujours, dans les réglemens de compte, les évaluations primitives ! Une telle situation ne peut être jugée alarmante, surtout lorsqu'on songe que la Ville de Paris possède, soit au Trésor, soit à la Banque, un dépôt de vingt-trois millions.

Pour toute autre capitale, pour un État de second ordre, la situation serait donc satisfaisante. Un État vivrait avec des recettes excédant de quelques millions les dépenses ; un État vivrait avec vingt-trois millions d'économies bien placées. Il n'en est pas de même pour Paris. Plus les recettes s'accroissent dans cette ville, plus le désir des dépenses extraordinaires et des grands travaux s'y manifeste avec force. De ce goût prononcé pour les constructions grandioses, fastueuses, naît le désir, je ne dirai pas nouveau, mais chronique d'emprunter.

L'emprunt est un des caractères saillans de la gestion financière de Paris.

Depuis 1809, Paris emprunte.

Si l'on parcourt ses comptes et ses budgets, on trouve toujours quelque somme destinée à amortir un emprunt. La préoccupation de ce genre d'opération financière est si naturelle, si habituelle aux hommes du reste fort éclairés et fort habiles qui dirigent ses intérêts, qu'à la seule idée de voir, d'un côté, l'emprunt de 1832 (40 millions) complétement amorti en 1852 ; de l'autre, la surtaxe des boissons expirant à la même époque, ces hommes ont pensé tout à la fois qu'il y avait urgence à contracter un emprunt nouveau, et qu'il y aurait péril à laisser la loi de 1842 produire tout son effet. En conséquence, ils ont dressé une longue liste de travaux à faire et nous ont dit : — Voilà les dépenses que nous projetons ; il nous faut un emprunt pour les effectuer, il nous faut une surtaxe pour amortir l'emprunt.—

Dans cette coïncidence fatale, dans cette prétention singulière de constituer la surtaxe comme le corollaire nécessaire de l'emprunt, je vois l'anéantissement du principe financier qui régit nos taxes d'octroi. En effet, l'emprunt demandé pour de grands travaux est remboursable en six ans. La prorogation, demandée pour six ans, est destinée au remboursement de cet emprunt. De ce double fait je conclus que voter la prorogation c'est voter l'éternité de la surtaxe ; car, au bout de six ans, lorsque l'emprunt sera remboursé, lorsque la limite légale de la surtaxe sera atteinte, la ville de Paris aura une nouvelle liste de travaux à exécuter, un nouvel emprunt à faire et une nouvelle prorogation de surtaxes à demander. La surtaxe votée, la cause soutenue par le Midi est perdue sans retour.

Tel sera le résultat le plus funeste du projet de loi. Il amènera infailliblement une modification profonde dans le principe qui régit nos lois financières. Il perpétuera une situation mauvaise et périlleuse, contre laquelle ne cessent de protester les nombreux intérêts qu'elle affecte.

Après avoir montré que la prorogation de la surtaxe est une atteinte formelle aux principes de nos lois financières ; qu'elle est de nature à produire des résultats funestes, je dois examiner si le maintien de cette surtaxe jusqu'à l'année 1859 est indispensable à la ville de Paris pour amortir l'emprunt de 25 millions qu'elle sollicite ; si nulle combinaison financière ne pourrait dispenser les vignobles de payer les embellissemens de la capitale.

L'idée de prélever sur les boissons toutes les ressources nécessaires à l'amortissement de l'emprunt est une des plus injustes qui se puissent concevoir. Ma conviction, à cet égard, ne repose, je vais le prouver, ni sur des chimères, ni sur des abstractions, ni sur un sentiment aveugle. Elle est fondée sur le bon sens le plus simple.

Un coup d'œil jeté sur le tarif de l'octroi de Paris et sur les recettes que procure ce tarif fournira des renseignemens précieux à l'appui de ma démonstration.

Pour ne point abuser des chiffres, j'emploierai seulement ceux qui se rattachent aux cinq derniers exercices connus (1841 à 1845 inclusivement). Cette courte période a l'avantage de n'offrir aucun changement dans le tarif et de fournir matière à des comparaisons d'autant plus justes que les élémens dont elles se forment restent invariables.

Le tarif d'octroi de Paris renferme cinquante-quatre articles qui, groupés d'après la nature des produits imposés, forment huit catégories distinctes. Sur les cinquante-quatre articles imposés, quatre ont à payer, concurremment avec le droit d'octroi, un autre droit qui, sous le nom de taxe unique, est prélevé par le trésor. Les cinquante autres articles ne paient que le droit d'octroi.

La taxe du trésor payée par quatre articles est, du reste, fort lourde pour les produits agricoles du Midi, qui la supportent à peu près seuls. Si je calcule cette taxe unique sur les quantités soumises au droit d'octroi, en 1845, et qui ont été :

	hectolitres.	litres.
Pour les vins en cercles, de. .	1,038,864	53
Pour les vins en bouteilles, de.	9,986	55
Pour les alcools, de.	53,662	43
Pour les cidres, de.	17,581	20

je trouve les résultats suivans :

OBJETS assujettis aux droits.	RECETTES (décime compris).	
Vins en cercles.	9,142,007 fr.	86 c.
Id. en bouteilles	87,881	64
Alcools.	2,951,433	65
Cidres.	77,356	40
Total.	12,258,679	55

D'où il résulte qu'en 1845, sur cinquante-quatre espèces de produits agricoles et industriels qui se sont présentés aux barrières de Paris, il y en a eu trois, les vins, les alcools et les cidres, qui ont eu *seuls* à acquitter, comme formalité préliminaire, comme introduction au droit d'octroi, une somme de 12 millions.

Après le paiement d'un pareil tribut, les boissons auraient quelques droits à compter sur la clémence et sur la justice du tarif de Paris. Vain espoir.

Le tarif de Paris n'est ni clément, ni juste. Loin d'être clément à l'égard de denrées déjà frappées, il les accable ; il agit sur elles avec tant de puissance et d'énergie, qu'il parvient à en extraire une somme plus grande encore que celle du trésor.

Je viens de calculer le chiffre perçu par le trésor, en 1845, à. . . . . 12,258,679 fr. 55 c.

Le chiffre effectif perçu par l'octroi, d'après les comptes de la ville, s'élève à.. . . . . 13,750,550 14

L'ensemble des droits perçus à Paris sur les boissons, soit par la ville, soit par le trésor, est donc de.. . . . . 26,009,229 fr. 69 c.

26 millions ! c'est à peu près la somme que tous les octrois ensemble perçoivent sur tous les vins et sur tous les alcools du royaume.

Voilà les merveilleux effets d'un tarif clément ! Voici les effets d'un tarif juste !

On pourrait croire que, prenant en considération l'énormité de la taxe prélevée d'avance par le trésor, l'administration municipale a cherché à proportionner les charges dont les boissons sont frappées avec celles que paient les autres denrées ; on pourrait croire qu'elle a imposé sur les boissons des taxes plus faibles que celles dont elle taxe les autres produits de l'agriculture et de l'industrie. Il n'en est rien. Les boissons, qui paient seules une taxe au trésor, en arrivant à Paris, paient encore plus que chacune des catégories du tarif, quand elles passent devant le bureau de l'octroi.

Je donne dans un tableau les recettes perçues, pendant cinq années, sur les diverses catégories du tarif, que je classe ainsi : *Boissons surtaxées, liquides non surtaxés, comestibles, combustibles, fourrages, matériaux, bois de construction, objets divers.*

TABLEAU des objets soumis aux droits d'octroi, à Paris, et des recettes produites par ces objets, pendant la période quinquennale 1841-1845.

OBJETS SOUMIS AUX DROITS.	PRODUITS CONSTATÉS					TOTAL.
	EN 1841.	EN 1842.	EN 1843.	EN 1844.	EN 1845.	
	fr. c.	fr. c.	fr. c.	fr. c.	fr. c.	fr. c.
Boissons surtaxées (vins, alcools, cidres)	12,668,767 82	12,603,318 29	13,287,433 36	12,462,420 10	13,750,550 14	64,772,489 71
Liquides non surtaxés (huiles, vinaigres, bière, alcools dénaturés).....	2,894,322 93	3,140,402 »»	2,976,201 64	3,173,144 65	3,157,030 94	15,341,102 16
Comestibles..........	5,442,511 76	5,469,635 95	5,561,691 12	5,735,016 06	6,100,858 21	28,309,713 10
Combustibles.........	4,761,395 41	4,519,212 80	4,955,750 66	4,615,145 95	5,043,157 24	23,894,662 12
Fourrages	1,225,562 54	1,242,653 85	1,279,343 68	1,355,865 78	1,364,399 34	6,467,825 19
Matériaux	1,855,142 59	1,719,901 84	1,849,579 33	1,915,639 77	2,143,139 28	9,483,402 81
Bois de construction...	1,784,041 65	1,619,220 50	1,917,001 11	1,863,488 92	1,939,901 28	9,123,653 46
Objets divers	616,258 31	601,641 69	604,702 48	617,986 12	665,906 54	3,106,495 14
	31,248,003 01	30,915,986 98	32,431,703 38	31,738,707 35	34,164,942 97	160,499,343 69

Il ressort de ce tableau que la part seule des boissons surtaxées, dans la recette générale de l'octroi, a été de **40 356/1000 p. 100!** Il en ressort encore les résultats moyens suivans :

OBJETS assujettis aux droits.	PRODUIT MOYEN, dans la période quinquennale 1841-1845.	
Boissons surtaxées. . .	12.954,497 fr.	94 c.
Comestibles.	5,661,942	62
Combustibles.	4,778,932	42
Liquides non surtaxés. .	3,068,220	44
Matériaux.	1,896,680	56
Bois de construction. .	1.824,730	69
Fourrages.	1.293,565	04
Objets divers.	621.299	03
Total. . . .	32,099,868	74

Les boissons surtaxées donnent donc deux fois plus d'argent que les comestibles et que les combustibles, quatre fois plus que les liquides non surtaxés, sept fois plus que les matériaux et que les bois de construction, dix fois plus que les fourrages, vingt fois plus que les objets divers.

D'après le simple exposé de ces faits que je soumets humblement à la Chambre et à la commission spéciale chargée d'examiner le projet de loi, il me paraît injuste de prélever l'amortissement de l'emprunt sur les articles du tarif qui paient le plus. Le bon sens le plus vulgaire indique une marche contraire. Il est déjà surprenant qu'une situation aussi funeste ait pu durer aussi longtemps ; il serait coupable de vouloir la prolonger en modifiant une loi solennellement votée il y a cinq ans.

Ce serait d'ailleurs sans raison et sans motifs que l'on voudrait prélever, sur les vins et sur les alcools, les sommes nécessaires à l'amortissement de l'emprunt. Ce serait sans raison, car les deux articles indiqués sont déjà ceux que le tarif frappe avec le plus de rigueur. Ce serait sans motifs, car l'inutilité du maintien de la surtaxe pour répondre aux demandes, même les plus exigeantes de la ville de Paris, est facile à démontrer.

Pour justifier une mesure comme celle que sollicite la ville de Paris, il faudrait que les circonstances fussent bien impérieuses, que la situation des finances de la ville fût bien mauvaise, et que nulle autre combinaison financière ne pût y faire face.

Tel n'est pas le cas de la ville de Paris. Les circonstances ne sont ni assez graves, ni assez alarmantes pour que l'excédant habituel des recettes sur les dépenses, pour que les réserves possédées à la Banque et au Trésor par la Ville ne puissent y suffire ; et, quant à l'emprunt, quant aux travaux extraordinaires projetés, ils peuvent être effectués en toute sécurité, en toute liberté, si l'on veut sortir un moment de l'ornière profonde où une malheureuse routine maintient les hommes les plus éclairés et les esprits les plus fermes.

Les finances de Paris sont dans un état si prospère, que les défenseurs mêmes de l'emprunt ne peuvent le nier. Je lis dans l'exposé des motifs :

« Cette somme (les 25 millions de l'emprunt) » ne sera réalisée que partiellement et au fur et » à mesure des besoins. La Ville, une fois assurée » de la faculté d'emprunter, *n'en usera qu'en cas* » *de nécessité*. (1) »

Je lis, en outre, dans une brochure publiée par un honorable membre du conseil municipal :

« L'autorisation demandée de faire un emprunt » *n'est qu'une mesure de prévoyance*, les circon- » stances immédiates et présentes n'y sont pour » rien (2). »

De cette double citation ne faut-il pas conclure que les défenseurs mêmes de l'emprunt ne sont pas bien sûrs que cette mesure financière soit indispensable? M. le Ministre de l'intérieur, qui est chargé de défendre le projet de loi devant les Chambres, reconnaît que la Ville, une fois assurée

(1) *Exposé de motifs*, page 5.

(2) *De l'emprunt de 25 millions*, par M. Dupérier, page 7.

de pouvoir emprunter, n'usera peut-être pas de cette faculté. Un honorable membre du conseil municipal ne voit dans la mesure qu'un acte de prévoyance. N'est-ce pas constater la puissance d'une ville qui, avec ses ressources ordinaires, pourra effectuer cinquante millions de travaux neufs? N'est-ce pas constater la prospérité financière de Paris ? Mais, s'il est douteux que Paris emprunte, il est malheureusement trop certain que Paris, quoi qu'il arrive, prélèvera la surtaxe qu'on lui permettra de percevoir. Dans ce cas, possible d'après l'exposé des motifs, les Chambres se trouveront avoir autorisé sans raison, sans motif, une surtaxe injuste et écrasante, une dérogation manifeste aux principes les plus élémentaires de notre code financier.

Pour mon compte, je ne croirai jamais à l'utilité de la surtaxe pour amortir l'emprunt. En me plaçant même au point de vue le plus alarmiste, en admettant qu'en 1852, lors de la suppression de la surtaxe, les finances de la Ville ne suffisent pas pour assurer le service de l'emprunt, je n'accorderai jamais que le vide de la caisse municipale doive être comblé avec le produit de la surtaxe prorogée à six ans.

D'autres moyens me paraissent préférables.

Jusqu'ici une règle générale a présidé aux diverses modifications des tarifs municipaux. Cette règle, qui consiste à faire payer aux vins tous les embellissemens des villes, a été mise en pratique avec beaucoup de distinction par un grand nombre de communes. Deux des plus considérables l'appliquent, cette année.

Rouen disait récemment :

« J'ai une rue neuve à percer, des quais à embellir : il faut que je surtaxe les alcools. »

Paris dit aujourd'hui :

« J'ai des halles à reconstruire, des mairies à élever, des casernes à bâtir, etc., etc. : il faut que je surtaxe les boissons. »

Cette règle générale me paraît vieille, usée et injuste. Elle dénote un esprit routinier qu'il appartiendrait aux Chambres de faire cesser.

Il appartiendrait à la ville de Paris d'entrer la première dans une voie nouvelle.

Deux moyens me paraissent devoir fournir à la ville de Paris des ressources plus que suffisantes pour assurer l'exécution des grands travaux, pour garantir même le paiement complet et prompt de l'emprunt qu'elle sollicite.

Ces moyens, que je ferai suivre de très courts développemens, sont les suivans :

1° Conversion en droits d'octroi des *remises attribuées à la Ville sur la vente en gros* de la volaille, du gibier, de la marée, des huîtres, du poisson d'eau douce, du beurre et des œufs ;

2° Révision générale du tarif.

Le premier moyen que j'indique repose sur des données bien connues.

On sait qu'aujourd'hui le poisson d'eau douce, les huîtres, la marée, la volaille, le gibier, le beurre et les œufs, ne paient aucun droit à l'octroi de Paris. Ils entrent librement, sont transportés au domicile des particuliers et consommés, sans être soumis à aucune redevance. Ils ne sont passibles d'une certaine taxe que lorsqu'on les transporte sur les halles et sur les marchés pour y être vendus. Dans ce cas, ces articles ont à payer, sur la vente en gros, un droit *ad valorem*, qui produit environ 1,700,000 fr. par année (1).

De ce mode de perception résulte ce qui suit : les habitans aisés, les propriétaires d'hôtels somptueux, les chefs de vastes établissemens publics, qui peuvent faire venir directement, de la campagne, ces diverses denrées, les reçoivent et les consomment sans payer de droits. Les personnes

(1) Le chiffre du dernier compte de la Ville est : 1,789,075 fr. 42 c.

pauvres qui, n'ayant pas les mêmes facilités, vont chercher ces denrées dans les halles d'approvisionnement, les paient à un prix élevé, et subissent ainsi toutes les conséquences d'une perception inégalement établie.

Un tel résultat est-il juste ?

Si le droit *ad valorem* perçu à la halle était perçu aux barrières, la ville de Paris verrait, dans l'adoption de ce mode, un double avantage : celui de n'établir qu'une même mesure pour tous les consommateurs, et celui d'effectuer une recette plus élevée. Des évaluations dignes de foi portent à quinze millions de francs la valeur de la volaille qui est consommée annuellement à Paris. Sur quel chiffre la Ville a-t-elle perçu, d'après ses derniers comptes, le droit qu'elle prélève aux halles sur la volaille? Sur 9,417,771 fr. 26 c. Encore ce chiffre contient-il le droit sur le gibier! N'est-il pas évident qu'une grande quantité échappe aux droits ?

La ville de Paris retirerait donc de grandes ressources de la première mesure que je propose.

La seconde mesure consiste dans la révision du tarif.

Il est difficile à cet égard de rien préciser. Toutefois, il est utile, il sera profitable de rechercher si aucun article ne peut être ajouté au tarif de Paris.

S'il existe des articles qui ne sont pas taxés et qui, par conséquent, pourraient l'être, s'il existe des articles qui ne sont pas taxés et dont pourtant la présence sur le tarif s'expliquerait tout aussi bien, et mieux peut-être, que la plupart de ceux qui y figurent, n'en faudra-t-il pas conclure qu'une révision complète du tarif pour admettre, sinon tous ces articles, du moins quelques uns, est utile et fondée sur la justice ?

Pour arriver au résultat que je cherche, j'ai rapproché du tarif de Paris plusieurs tarifs de grandes villes. J'ai pris les tarifs des villes suivantes : Rennes, Toulouse, Montpellier, Nîmes, Metz, Rouen, Marseille, Lille, Bordeaux, Brest, Amiens et Toulon. J'ai extrait de ces tarifs les articles qui ne figuraient point sur le tarif de Paris, et j'en ai formé une liste, en ayant soin de désigner, à côté de l'article taxé, le nom ou les noms des villes qui le taxent.

De ce travail comparatif est résulté le tableau suivant :

OBJETS NON TAXÉS à Paris.	NOMS DES VILLES où ces objets sont taxés.
1 Gibier..................	Rennes, Toulouse, Metz.
2 Volaille..................	Montpellier, Toulouse.
3 Agneaux..................	Rouen, Bordeaux.
4 Chèvres..................	Bordeaux.

OBJETS NON TAXÉS à Paris.	NOMS DES VILLES où ces objets sont taxés.
5 Chevreaux	Bordeaux.
6 Oies	Nîmes, Metz, Montpellier, Toulouse.
7 Marcassins	Rouen.
8 Cochons de lait	Rouen.
9 Morue	Bordeaux.
10 Sardines	Rouen, Bordeaux.
11 Anchois	Rouen, Bordeaux.
12 Thon	Rouen, Bordeaux.
13 Huîtres	Bordeaux, Montpellier.
14 Poissons frais	Lille, Nîmes, Rouen, Bordeaux, Montpellier.
15 Beurre salé	Bordeaux.
16 Beurre de toute espèce	Toulon.
17 Prunes	Bordeaux.
18 Oranges	Toulouse, Montpellier, Bordeaux, Metz.
19 Citrons	Bordeaux.
20 Limons	Bordeaux.
21 Poivre	Toulouse.
22 Son	Bordeaux.
23 Fèves	Lille.
24 Savon	Brest, Bordeaux, Nantes.
25 Cuirs en poils	Bordeaux.
26 Cuirs fabriqués	Bordeaux.
27 Bouteilles vides	Lille, Bordeaux, Amiens.
28 Verre à vitre	Amiens, Lille.
29 Faïence	Bordeaux.
30 Papiers	Bordeaux.
31 Eaux de senteur	Bordeaux.
32 Bois d'ébénisterie	Bordeaux.
33 Ferblanc de toute espèce	Bordeaux.
34 Fer en barre	Bordeaux.
35 Fer en gueuse	Bordeaux.
36 Etain	Bordeaux.
37 Cuivre ouvré	Bordeaux.
38 Plomb en saumon ou vieux, laminé et zinc	Bordeaux.
39 Soude	Marseille.
40 Fruits secs	Nantes, Toulouse,
41 Châtaignes	Nantes, Rouen, Metz.
42 Sucre en pains	Brest, Toulouse.
43 Sucres bruts et cassonnades.	Brest, Toulouse.
44 Café	Brest, Toulouse.

Voilà donc une liste des articles qui sont assujettis à des droits d'octroi dans diverses villes. Si l'on compare les quarante-quatre articles de cette liste avec les cinquante-quatre articles que renferme le tarif de Paris, on ne tardera pas à se convaincre que la taxe prélevée par Paris sur certains articles n'est pas mieux justifiée que celle qui est prélevée ailleurs sur des articles différens.

Pour ne pas établir une guerre minutieuse d'article à article, il me suffira d'indiquer quelques traits principaux.

Les quatorze premiers articles du tableau (gibier, volaille, agneaux, poisson, huîtres, etc.) sont consommés à peu près exclusivement par des personnes aisées. Aucune objection ne s'opposerait à ce qu'on les inscrivît sur le tarif de Paris. S'il s'élevait des difficultés, ne serait-il pas facile de les lever en prouvant que la taxe établie à Paris sur la *viande à la main* et sur la *charcuterie de toute espèce* porte un dommage bien plus réel à des intérêts respectables, puisqu'elle élève le prix des objets dont la partie la plus nécessiteuse de la population forme sa nourriture habituelle? Je ne comprendrais donc pas que ces articles ne pussent entrer dans les catégories taxées à Paris.

Il en est de même de presque tous les autres

articles du tableau. Leur introduction dans le tarif de Paris serait tout aussi bien justifiée que celle de la plupart des articles qui y sont inscrits aujourd'hui.

Pourrait-on dire, par exemple, pourquoi l'*essence de térébenthine*, les *bottes de lattes* et les *fagots* sont taxés plutôt que les *bois d'ébénisterie*, les *eaux de senteur*, la *faïence* et le *savon* ?

Pourrait-on dire pourquoi les *raisins* sont taxés, tandis que les *oranges*, les *citrons*, les *châtaignes* et les *fruits secs* ne le sont pas ?

Pourrait-on dire pourquoi l'*orge* et l'*avoine* sont taxés plutôt que le *son* ?

Pourquoi les *chandelles* sont taxées plutôt que le *beurre* ?

Pourquoi le *houblon* est taxé plutôt que le *café* ?

Pourquoi le *sel*... le *sel!* Est-ce croyable ? Dans un moment où de tous les points de la France on sollicite la réduction du droit que le trésor prélève sur cette denrée ; dans un moment où les pouvoirs publics s'émeuvent, où ils se préoccupent de donner une solution aux questions importantes qui se rattachent à ce grave sujet ; dans un tel moment, et dans un pays où toutes les villes s'abstiennent avec soin d'aggraver les charges qui pèsent sur ce produit, Paris, le centre des sciences et des lumières, la ville qui devrait donner l'exemple à la France, Paris taxe le sel ! Paris prélève un impôt sur la substance la plus essentielle à l'alimentation du peuple. Paris taxe le *sel*, et il laisse entrer sans taxe le *sucre !*.

Est-ce juste ? De tels disparates ne montrent-ils pas l'utilité d'une révision générale du tarif ?

Si un tarif d'octroi était composé d'élémens fixes, réglés une fois pour toutes, d'une manière définitive, je concevrais les résistances qu'une demande de révision pourrait susciter. Dans ce cas, du moins, les partisans du *statu quo* auraient pour eux la loi et les précédens ; ils seraient en droit de résister à toute demande de révision. Mais un tarif d'octroi est très loin d'avoir un caractère de stabilité et de permanence. Une délibération du conseil municipal, un avis du conseil d'État, une ordonnance royale rendue sous la forme d'un réglement d'administration publique, suffisent pour modifier le texte et pour agrandir le cadre d'un tarif. Ceux donc qui, à Paris, voudraient défendre la liste du tarif d'octroi comme un monument immuable élèveraient une prétention vaine : ils n'auraient pas pour eux la loi, ils n'auraient pas davantage les précédens.

Paris a très peu modifié le cadre de son tarif

depuis l'an XI. Cependant je puis citer deux ordonnances royales, l'une du 8 janvier 1817, l'autre du 1er janvier 1823, qui établissent deux précédens précieux, dont l'influence sur les recettes n'a pas été nulle. La première ordonnance autorisait la ville à taxer neuf articles, la seconde l'autorisait à en taxer deux. Si je prends les derniers comptes, et que je recherche quelle est la somme que les onze articles ajoutés en vertu de deux ordonnances fournissent annuellement à la ville, je trouve plus de trois millions ! En voici le détail dans un tableau.

Je supplie la Chambre d'examiner attentivement la liste des articles inscrits dans ce tableau; je la supplie de supprimer par la pensée le sel, qu'il faut décidément rayer du tarif de Paris; je la supplie de comparer ces articles avec ceux que Paris ne taxe pas, de comparer les recettes produites par les articles taxés, avec celles que pourraient produire les articles actuellement affranchis de droits; la Chambre verra alors si, en raison même de l'immense consommation de Paris, un grand accroissement dans les recettes ne résulterait pas de l'introduction de nouveaux articles. Une pareille conséquence me paraît ressortir de la comparaison du tableau suivant avec celui que j'ai déjà produit :

NUMÉROS.	OBJETS SOUMIS AUX DROITS.	RECETTES. fr.	c.
1	Fromages secs	165,162	44
2	Sels gris et blancs	289,439	05
3	Cire et bougies	29,933	26
4	Ardoises, grand moule	33,538	11
5	Ardoises, petit moule	495	34
6	Briques	81,187	46
7	Tuiles	15,246	03
8	Carreaux de terre cuite	15,352	61
9	Bottes de lattes	24,951	41
10	Huile d'olive	232,185	14
11	Huile de toute autre espèce	2,160,629	13
	Total	3,048,119	98

Onze articles ajoutés, en 1817-1823, produisent trois millions. Quarante-quatre articles, que j'ai cités plus haut, ne produiraient-ils pas davantage si on les inscrivait dans le tarif? Combien faut-il donc pour amortir l'emprunt en six ans? Un peu plus de quatre millions !

Après les faits que j'ai cités relativement aux articles introduits, à diverses époques, dans le tarif; après les disparates que j'ai fait ressortir de ce tarif; après l'injustice que j'ai signalée dans le mode de perception établi dans les halles et sur les marchés, les deux mesures que je propose me paraissent justifiées.

Il me paraît démontré que la conversion des droits sur la vente en droits d'octroi perçus aux barrières serait plus juste et produirait plus que la perception pratiquée aujourd'hui.

Il me paraît démontré qu'une révision du tarif serait rationnelle et produirait des sommes bien supérieures à celles qui sont réclamées pour amortir l'emprunt.

Mais ces deux conséquences ne sont pas les seules que je veuille tirer des deux mesures que je propose. J'ai la conviction, non seulement que les résultats produits par ces deux mesures permettraient à la Ville de pourvoir à tous les travaux, mais encore que le conseil municipal pourrait effectuer sans aucune crainte, avec la certitude d'en retirer d'heureux fruits, deux mesures sages, modérées, justes, dont il m'est impossible de ne pas dire un mot en finissant. Je veux parler d'une réduction de moitié sur la viande et sur le vin.

Cette double réduction serait indispensable. Combinée avec les deux mesures que je viens de proposer, elle produirait les plus heureuses conséquences; elle donnerait une impulsion énergique à la consommation; elle donnerait à l'agriculture de toutes les régions de la France une preuve rare de sympathie; enfin elle fournirait aux habitans les plus pauvres une nourriture saine, substantielle, que le tarif actuel leur interdit. La mesure ainsi modifiée, ainsi élargie, serait approuvée, bénie par toutes les classes de la population. Elle aurait ce caractère de moralité et de grandeur qu'il importe aux pouvoirs publics d'imprimer à toutes leurs œuvres pour les rendre vénérables et sacrées.

S'il est un principe sage et utile qu'il conviendrait d'appliquer dans les tarifs municipaux, c'est que toutes les denrées nécessaires à l'alimentation et à la santé publiques, à la subsistance des populations et à leur force, devraient être respectées par les tarifs. Le pain et la farine ne paient point de droits (1). La viande et le vin ne devraient être taxés que lorsque des circonstances impérieuses et des nécessités publiques l'exigeraient. En tout temps, le tarif qui serait appliqué au vin

---

(1) La ville de Marseille seule taxe le pain et la farine. Elle a établi momentanément un droit sur ces deux articles pour subvenir aux frais considérables nécessités par la construction d'un canal, qui doit amener les eaux de la Durance dans la ville, en passant sur le pont-aqueduc grandiose de Roquefavour.

et à la viande devrait être faible, modéré, de nature à activer la consommation publique et à augmenter le bien-être des populations.

S'il fut jamais utile d'appliquer ce principe, c'est à coup sûr cette année ; s'il fut jamais utile de rendre au peuple, par la modération des tarifs, la vie à bon marché, c'est à coup sûr cette année. Jamais cherté de subsistances ne fut plus patente et plus grave. Un déficit de plusieurs millions d'hectolitres dans la récolte des céréales a renchéri toutes les denrées qui forment la base de l'alimentation du pays. Les ressorts de l'économie sociale sont paralysés, la circulation et le crédit sont entravés. Il y a crise. Est-il juste d'accroître les rigueurs d'une pareille situation en maintenant, sur la viande et sur le vin, un droit énorme? est-il juste d'en accroître les périls en proclamant solennellement que la boisson parisienne, à laquelle la loi de 1842 a promis une modération de taxe, n'a pas même à compter sur cette promesse?

Je ne puis le croire. Je pense qu'il y a utilité à abaisser les droits. Il y a utilité pour la subsistance des populations ; il y a utilité pour le bien-être et la santé des habitans de Paris. Il y aurait profit pour tous à abaisser le droit dans la mesure et avec la modération que j'indique.

Le tarif actuel de Paris, en ce qui touche la viande, produit deux résultats déplorables.

Il élève le prix de la viande de bonne qualité, de la viande saine et éminemment nutritive du bœuf, à un tel prix, que la plus grande partie de la population de Paris n'en peut consommer. Il oblige les classes peu aisées de la population à consommer des viandes malsaines et de basse qualité, qui, sous les noms de *viande dépecée, vache, abats et issues*, composent une alimentation peu substantielle et encore moins agréable que substantielle.

Le résultat est tel, que la consommation de la viande à Paris, estimée par Lavoisier, en 1789, à 77 kilogrammes par tête, n'est plus, selon M. le Ministre de l'agriculture et du commerce, que de 55 kilogrammes.

Le résultat est tel, qu'aujourd'hui il n'entre pas plus de têtes de bœufs dans Paris, pour une population de 945,000 âmes, qu'il n'en entrait en 1722, sous Louis XIV, pour une population de 500,000 âmes.

Le résultat est tel, que, dans le chiffre périodiquement si faible de la viande consommée, on trouve la part de la mauvaise viande s'accroissant seule et dans de fortes proportions :

La consommation de la partie inférieure des viandes, que l'on appelle *abats et issues*, est soixante-six fois plus forte aujourd'hui qu'en 1812 ;

La consommation de la *viande dépecée*, nourriture malsaine, provenant souvent d'animaux malades, est deux cent vingt-trois fois plus forte qu'en 1800 ;

La consommation de la vache s'accroît !

Ce triple résultat peut être justifié sans doute par l'accroissement de la population, qui, de 547,000 âmes, s'est élevé à 945,000 ; mais ce qui est peu justifié, ce qui est déplorable, c'est que la consommation de la viande de bœuf, qui était de 39 kilogrammes par tête, en 1800, n'est plus aujourd'hui que de 26 ; c'est que la consommation de la viande de veau, qui était de 10 kilogrammes par tête, à la même époque, n'est plus que de cinq aujourd'hui.

Ce résultat, je me hâte de le reconnaître, ne provient pas seulement de l'octroi. La différence entre le droit municipal prélevé en 1800 et le droit qui est prélevé aujourd'hui, bien que très importante, n'est pourtant pas assez forte pour amener à elle seule un changement aussi profond dans les habitudes, pour exercer une pression aussi forte sur les marchés. Le tarif douanier en vigueur depuis 1822 a contribué pour une forte part à cette situation. Je le reconnais; mais je constate en même temps que c'est à ces deux causes combinées et pas à d'autres que les résultats funestes sont dus. En atténuant le droit d'octroi, n'aurait-on pas un moyen de remédier en partie aux maux que le double tarif rend si graves?

Il y a peu de jours, un honorable membre de la Chambre des pairs, M. le comte Daru, demandait que le tarif douanier sur les bestiaux fût abaissé. M. le Ministre de l'agriculture et du commerce répondit que le tarif ne pouvait être changé, parce qu'il fallait protéger la production du bétail français. En supposant cette réponse juste et fondée, peut-on l'appliquer sensément au tarif de Paris? Est-il un seul agriculteur assez borné pour vouloir que le bétail élevé par ses soins soit consommé dans son village plutôt qu'à Paris? Est-il un producteur de bestiaux assez peu soigneux de ses intérêts pour se plaindre que le plus vaste marché de France lui soit ouvert? Et, d'un autre côté, est-il un seul consommateur de Paris qui puisse se plaindre si on lui donne la viande à bon marché? Non. Que devient donc l'argument? Qu'est-ce donc que ce tarif d'octroi qui déplaît à la fois aux consommateurs et aux producteurs? Qu'est-ce que ce tarif qui réduit les profits de la campagne et augmente les dépenses de la cité? Quelle est la mission de ce tarif? Que protége-t-il, si ce n'est la disette et la faim?

Une modération de droits apporterait aux souffrances des habitans un remède efficace; elle fournirait à une grande partie de la population un supplément de nourriture qui lui est indispensable; elle donnerait en même temps à l'agriculture un encouragement souvent promis dans les discours, rarement réalisé dans les faits.

Le tarif d'octroi, en ce qui concerne les vins, ne fournit pas de plus heureux résultats que pour la viande. Ses effets sur la consommation sont d'autant plus frappans, que, le tarif ayant varié plusieurs fois, l'influence de la taxe a été mise à nu d'une manière plus complète.

A l'origine de l'octroi, ou du moins à l'époque où cette nature d'impôt fut rétablie, en l'an VIII (1800), la consommation par tête d'habitant, à Paris, était de **140** litres. Le *droit d'octroi*, seul établi alors, n'était que de **6** fr. **50** c. Depuis, le droit d'octroi a été porté à **10** fr. **50** c.; le droit du trésor, ajouté à ce premier droit, a été fixé à **8** fr.; enfin, le *décime* sur les deux droits a élevé à

20 fr. 35 c. le total de la taxe payée aux barrières de Paris. Qu'en est-il résulté? C'est qu'actuellement, pour trouver une consommation *maximum* de 111 litres, il faut choisir une année exceptionnelle, celle où il est entré le plus de vin depuis long-temps; il faut choisir l'année 1845 pour ne trouver qu'une réduction de 29 litres par tête. Calculée sur les dix dernières années, la consommation moyenne offre une réduction annuelle de 40 litres par tête sur celle de 1800.

Tel est le résultat qui ressort de la comparaison établie entre la consommation de Paris, sous un droit de 6 fr. 50 c., et la consommation de Paris sous un droit de 20 fr. 35 c. Tel est le résultat vrai du tarif.

Croit-on que les caisses de la ville se trouveraient mieux d'un fort droit que d'un droit réduit? Croit-on que le trésor même y gagnerait? Oui, sans doute, si la consommation restait la même. Mais n'est-il pas évident qu'elle s'élèverait dans une proportion très grande, sous la double influence de l'abaissement du droit et de l'accroissement de la population? N'est-il pas évident que les habitans, abreuvés aujourd'hui avec l'eau rougie et malsaine des puits de Paris, trouveraient, dans une substance vraie, un breuvage fortifiant et salubre ? N'est-il pas évident et démontré, d'ailleurs, par l'expérience, que les dégrèvemens sages et modérés profitent à la fois aux consommateurs et aux caisses publiques ?

Les réformes récentes d'un pays voisin ne l'ont-elles pas prouvé ?

La réduction des droits sur le café ne l'a-t-elle pas prouvé ?

La réduction des droits sur le vin, à Paris, ne l'a-t-elle pas prouvé ?

L'aggravation de ces mêmes droits, à Paris, n'a-t-elle pas produit un résultat inverse ? N'est-il pas certain que la plus faible recette prélevée, à Paris, sur les vins, depuis cinquante ans, correspond précisément au tarif le plus rigoureux, à celui qui prélevait 28 fr. 05 c. (décime compris), sur chaque hectolitre, et qui frappait ainsi d'un droit de 300 p. 100 les vins ordinaires du Midi (1) ?

Ces faits sont connus ; ils ne sont pas contestés, parce qu'on ne peut nier les chiffres ; ils ne sont pas avoués non plus, parce qu'il est prudent de tenir certains faits dans l'ombre. Pour Paris, on se borne à une observation. De toutes les réductions opérées depuis cinquante ans, une seule,

(1) Voir l'annexe B.

celle de 1830, a manqué son effet; elle a été sans influence sur la consommation. On s'empare de cette exception unique sans l'expliquer; on en fait une objection formidable. Je veux aussi m'emparer de cette objection, l'examiner et la réfuter. J'espère le faire d'une manière complète.

— En 1830, dit-on, le droit payé par le vin, à l'entrée de Paris (octroi et taxe du trésor), était de 23 fr. 10 c. Il fut réduit à 17 fr. 60 c. au mois de décembre 1830. Cette diminution de 5 fr. 50 c., qui fut maintenue pendant toute l'année 1831 et pendant quelques mois de l'année 1832, ne produisit qu'un chiffre plus faible dans la consommation. —

Ce résultat est vrai. Que prouve-t-il? C'est ce que je vais examiner.

Pour que ce résultat donnât à l'objection quelque fondement, il faudrait que l'épreuve de l'abaissement du droit eût été faite dans une époque ordinaire, dans un moment où les circonstances exceptionnelles ne devaient pas en paralyser les effets; il faudrait, en outre, que le vin fût précisément la seule denrée dont la consommation eût diminué dans le cours de l'année 1831. Or, ces deux conditions qui pourraient seules donner de la consistance et de la force à l'objection manquent ici d'une manière absolue.

En 1831 et 1832, par suite des troubles fréquens qui se produisaient, le concours des étrangers fut moindre, à Paris, qu'à l'ordinaire; il en résulta une diminution notoire dans la population flottante. Une partie de la population fixe quitta la ville, et, par son absence, détermina une nouvelle réduction dans le chiffre des consommateurs. Survint un fléau terrible, le choléra, qui enleva dix-huit mille âmes à la population de Paris. Une crise commerciale, dont le souvenir est encore présent, provoquée par les commotions politiques, se trouva tout à coup aggravée par la cherté du pain, par l'incertitude de toutes les transactions, par l'altération de toutes les voies du crédit et par la multiplicité des faillites. De ce concours de circonstances il résulta que les habitans de Paris, accidentellement moins nombreux et moins riches, se trouvèrent en possession de facultés consommatrices plus limitées.

Les circonstances étaient donc au plus haut point exceptionnelles. Dans ce premier fait, je vois la preuve qu'une réduction de 5 francs sur 23, insensible d'ailleurs pour la masse des consommateurs, ne pouvait produire un effet bien grand.

Dans un second fait je vois la preuve qu'une réduction dans les quantités consommées était inévitable et forcée.

Si j'examine d'abord les produits de l'octroi, je trouve que les recettes générales, très faibles pendant la crise, en 1831 et 1832, se relèvent tout à coup en 1833 et dans les années suivantes; je vois en outre que les produits des boissons suivent la même marche. N'en faut-il pas conclure que des causes plus profondes que le droit agissaient alors sur toutes les consommations et sur toutes les recettes?

Voici les chiffres :

ANNÉES.	PRODUIT GÉNÉRAL DE L'OCTROI.		PRODUIT SPÉCIAL DES BOISSONS.	
	fr.	c.	fr.	c.
1831	19,980,769	93	7,497,930	90
1832	20,441,464	05	7,615,722	64
1833	26,935,682	02	10,485,650	47
1834	27,717,204	24	11,329,839	49
1835	29,085,547	40	11,924,097	42

Pour les recettes générales de l'octroi et pour celles des boissons, les résultats sont donc identiques. Tel est le résultat du tableau. Il est clair, d'après ces chiffres, que la consommation des boissons ne fut pas seule affectée en 1831 et 1832; il est patent que les chiffres des recettes générales de ces deux années attestent l'intervention d'une force extraordinaire, bien supérieure à l'action qu'aurait pu exercer un abaissement de droits.

Mais ces résultats généraux ne suffisent pas; il en faut de plus spéciaux et de plus frappans.

Je les donne, en citant les réductions qui se sont produites sur toutes les denrées consommées à Paris.

En 1831, il est entré dans Paris 6,308 bœufs de moins qu'en 1830.

La consommation des autres bestiaux a offert un déficit : de 1,200 têtes pour les vaches, de 6,900 têtes pour les veaux, de 13,000 têtes pour les porcs et sangliers, de 50,000 têtes pour les moutons.

La consommation des *abats et issues* s'est réduite de 45,000 kilogrammes, et celle de la *viande à la main* de 310,000.

Il y a eu réduction de 280,000 kilogrammes sur la consommation des fromages secs, de 100,000 kilogrammes sur l'avoine, de près de deux millions de bottes sur le foin et sur la paille.

Enfin, le droit qui est prélevé aux halles sur la vente en gros de la marée, des huîtres, du poisson d'eau douce, de la volaille, des œufs et du beurre, a été perçu, en 1831, sur une valeur inférieure de trois millions à celle de l'année précédente.

En présence d'une consommation ainsi affectée, la réduction de 129,000 hectolitres sur le vin et de 574 hectolitres sur l'eau-de-vie est-elle surprenante ? On ne pourrait le soutenir sensément.

Après l'exposé des faits que je viens de citer relativement à la réduction des droits opérée en 1831, l'objection élevée au sujet de cette réduction me paraît détruite. Cette réduction a été trop faible ; elle a été maintenue trop peu de temps, et elle s'est porduite au milieu d'une crise qui devait en empêcher les effets. Si la réduction eût été faite dans des circonstances meilleures, si elle eût duré plus long-temps, nul doute que les résultats recueillis par l'octroi de la ville ne vinssent aujourd'hui se ranger sous ma plume pour attester une fois de plus l'influence irrésistible des faibles droits sur la consommation des denrées. Nul doute que les heureux effets produits à d'autres époques par la modération des droits ne se fussent reproduits alors. Je ne doute même pas un seul instant qu'une réduction plus grande dans la taxe, qu'une réduction assez profonde pour être appréciable dans la monnaie courante qu'emploie la masse de la population, n'eût efficacement opéré, malgré les circonstances peu favorables, malgré la crise dont le crédit public était affecté.

C'est parce que j'ai une foi profonde dans l'efficacité de l'abaissement des droits, que je n'hésite pas à proposer aujourd'hui une réduction sur le vin et sur la viande. Nulle raison valable ne peut s'opposer à cette mesure. Des raisons péremptoires la commandent.

Aux argumens déjà produits en faveur de cette double mesure, j'ajoute une seule observation, qui m'est suggérée par le spectacle habituel des débats parlementaires sur les questions d'économie politique.

La réforme des tarifs douaniers soumise souvent à la discussion des Chambres, y rencontre deux natures d'objections suivant la manière dont elle est posée, suivant les points du tarif qu'elle se propose de modifier. Elle y suscite des résistances de deux natures, suivant la diversité des questions qui se produisent. Erronées ou justes, les appréhensions excitées se traduisent par les deux faits suivans. Si l'on demande une modification du tarif des fers ou de tout autre produit manufacturier, dans le but d'activer les relations commerciales, d'échanger avec plus de facilité, contre les produits étrangers, les merveilleux produits de l'industrie parisienne ou ceux de l'agriculture du Midi, on répond : « Y pensez-vous ? le fer est un produit industriel. Nous voulons protéger l'industrie. » Si l'on demande une modification du tarif des bestiaux, dans le but de combler le vide qu'une crise terrible a fait dans la provision alimentaire du pays, on répond : « Y pensez-vous ? le bétail français est un produit agricole. Nous voulons protéger l'agriculture. » Si cette double objection que l'on oppose invariablement aux adeptes de la liberté commerciale est fondée, si elle est sincère, si elle a vraiment pour but d'assurer la prospérité de l'agriculture et la puissance de l'industrie, voici le moment de le dire et de le prouver.

Une discussion va s'ouvrir sur l'administration de la ville de Paris. Toutes les questions qui se rattachent à son tarif d'octroi, à l'influence des droits sur la consommation des denrées, pourront être débattues. Qu'il sorte du débat autre chose que des vœux stériles et de pompeuses promesses ! Ouvrez le vaste marché de Paris. Nul producteur ne se plaindra. Réduisez le droit sur la viande et sur le vin, vous donnerez un débouché aux vignobles du Midi, aux bestiaux du Centre, du Nord et de l'Ouest. Vous servirez efficacement l'agriculture. Réduisez le droit sur le vin et sur la viande, vous rendrez un signalé service à l'industrie ; car, en fournissant à ses principaux agens, aux ouvriers, une nourriture plus saine et une boisson plus salubre, vous augmenterez leurs forces, vous augmenterez dans le pays le capital des forces productrices. Les caisses de la Ville n'y perdront rien : sous l'influence multiple de l'abaissement du droit, de l'exécution de grands travaux dans Paris, de l'exécution des chemins de fer et du concours toujours plus grand d'étrangers que des communications plus faciles amènent dans la capitale, la consommation s'étendra dans des proportions incalculables. Cette mesure large et généreuse sera un bienfait, dans cette année de disette ; elle sera une source d'abondantes recettes pour l'avenir.

En résumé, la prorogation de la surtaxe demandée par la ville de Paris n'est utile dans aucun cas. Elle est nuisible dans tous.

Établie sans l'emprunt, elle n'aurait pas même l'ombre d'un prétexte.

Établie avec un emprunt dont l'amortissement s'effectuerait à termes éloignés, d'après le mode suivi en 1832, elle ne serait justifiée par aucun motif sérieux.

Établie avec un emprunt dont le paiement s'effectuerait en six ans, comme le prescrit le projet de loi, elle ne serait justifiée que par un esprit de routine, facile à concevoir dans quelques localités arriérées, mais intolérable à Paris.

Dans toute combinaison, d'ailleurs, la prorogation de la surtaxe dérogerait aux principes généraux qui régissent nos lois de finances depuis 1816. Elle constituerait, au préjudice de ces lois, une exception d'autant plus grave que, par l'importance même du centre de consommation où elle aurait à s'exercer et par l'élévation du chiffre perçu, elle produirait des effets aussi pernicieux que si le principe même était banni de nos lois.

Injuste au point de vue des principes, la prorogation de la surtaxe serait injuste même comme exception à ces principes.

Une dérogation aussi formelle à la loi de 1842 pourrait tout au plus être expliquée par l'impossibilité évidente, palpable, de recourir à d'autres moyens, et par le caractère temporaire de la mesure. Mais ces motifs mêmes ne peuvent être invoqués à l'appui de la surtaxe prorogée.

Si le projet de loi imprime un caractère temporaire à la mesure, c'est d'une façon si peu efficace et si étrange, que la surtaxe de Paris, après le vote de la loi, pourra être considérée comme constituée à jamais. Un abus s'agrandit et s'enracine par la durée. Eh bien ! proclamer, en 1847, que l'abus de la surtaxe de Paris durera jusqu'en 1859, n'est-ce pas ériger cet abus en principe? Proclamer qu'aucune dépense extraordinaire, qu'aucun travail nouveau, qu'aucun moyen plus énergique de perception ne pourra être mis en vigueur, sans une surtaxe des boissons, n'est-ce pas dire que la surtaxe de Paris est établie pour toujours? Proclamer qu'il n'y a pas d'emprunt possible sans surtaxe, dans une ville qui, depuis quarante ans, a toujours eu recours à l'emprunt, n'est-ce pas dire que la surtaxe est éternelle? Voilà pour le caractère temporaire de la mesure.

L'impossibilité de recourir à d'autres moyens n'est pas mieux démontrée que le caractère transitoire de la mesure.

Lorsqu'une ville veut se procurer des ressources nouvelles par l'octroi, son premier soin est d'examiner le tarif, d'y ajouter les articles qui ne paient rien, et de taxer ensuite ceux qui paient le moins. Le projet de loi fait l'inverse. Il prend le tarif de Paris et n'y ajoute rien ; il taxe ensuite les articles qui paient le plus, et il ne taxe que ceux-là!

Or, un grand nombre d'articles qui donnent lieu

à des consommations importantes ne paient rien à Paris.

Pendant que les vins paient une taxe au trésor et une taxe à la ville, il y a des articles qui ne paient ni à la ville ni au trésor. Ne serait-il pas plus juste de prélever, sur ces articles, aujourd'hui favorisés, la somme nécessaire à l'amortissement de l'emprunt ? Ne serait-il pas juste de profiter de cette circonstance pour opérer une révision générale du tarif, pour imposer ce qui ne paie rien et pour dégrever ce qui paie trop ? Ne serait-il pas juste, par exemple, de taxer le gibier, qui ne paie pas, et de dégrever la viande, qui paie beaucoup ? Si cet argument est fondé sur la raison, comment les conséquences nécessaires qui en découlent ne deviendraient-elles pas, pour l'administration municipale, une règle rigoureuse et sacrée ?

Si cet argument est fondé en tout temps, ne l'est-il pas aujourd'hui plus que jamais ? La misère est grande, à Paris, dans cette année de douleur et de larmes. D'après les chiffres fournis par l'administration municipale et reproduits dans les feuilles publiques, près de la moitié des habitans de Paris sont secourus au moyen des bons de pain. Dans l'arrondissement le plus riche, dans celui où se trouvent à la fois deux palais, trois ministères et les plus somptueux hôtels, 30 personnes sur 100 reçoivent des secours en bons de pain; dans l'arrondissement le plus pauvre, le nombre de personnes secourues de la même manière est de 71 sur 100! Si ces chiffres méritent à l'administration municipale de justes éloges, ne lui imposent-ils pas des devoirs? Si ces chiffres attestent la prévoyance des administrateurs, ne montrent-ils pas aussi, chez les administrés, une misère si profonde que les moyens employés jusqu'à présent seront impuissans à la guérir?

Que l'administration municipale ne s'arrête donc pas dans la voie où elle est entrée par un acte louable. Elle a institué les bons de pain. Qu'elle achève l'œuvre en mettant la viande et le vin à la portée de tous. Ce sera plus juste et plus moral que de surtaxer la boisson du pauvre.

Le projet que je viens de développer me paraissant préférable à la loi dont la discussion va s'ouvrir, je le soumets humblement, Messieurs les Députés, à vos méditations, à votre bienveillante sollicitude pour les intérêts du pays.

Je demande le rejet pur et simple de la disposition du projet de loi qui a pour but de maintenir les surtaxes jusqu'en 1859.

Je demande que ce rejet soit motivé de telle

sorte, dans le rapport de la commission ou dans la discussion publique des Chambres, qu'il en sorte, pour le conseil municipal de Paris, la nécessité de revoir son tarif, de prélever aux barrières les droits perçus aux halles, et de dégrever à la fois la boisson et la nourriture des habitans.

Agréez, etc.

HIPPOLYTE FAURE.

Paris, 25 mai 1847.

Annexe A.

Voici l'opinion de M. Dupérier, membre du Conseil général de la Seine et du Conseil municipal de Paris, ancien membre du Tribunal et de la Chambre de commerce de Paris :

« ... J'approuve l'emprunt sans réserves, et je l'aurais approuvé plus fort encore qu'il n'est proposé.

» Je diffère seulement avec M. le Préfet et le Conseil municipal sur les voies et moyens à prendre pour l'extinction et le remboursement de l'emprunt. J'ose espérer que je parviendrai, en peu de mots, à prouver avec netteté, avec clarté, que le remboursement intégral peut s'en opérer sans nuire à aucun des projets énumérés dans la délibération du 26 février, ni aux travaux en cours d'exécution, ni aux secours que réclame cette année désastreuse : — j'ajoute, sans qu'il y ait lieu d'abroger la loi du 11 juin 1842.

» J'affirme donc que les ressources de la ville sont, à elles seules, quoique amoindries des 3 millions que leur enlève la loi de 1842, suffisantes pour toutes ces nécessités, et, en même temps, pour l'amortissement de l'emprunt de 25 millions.

» Quelle est l'économie de l'opération de la ville, quand elle propose de rembourser cet emprunt dans le court espace de six années? Ne tenant compte que du capital, et négligeant les intérêts dont le service sera toujours le même, quelle que soit la combinaison, je trouve qu'il y aurait, chaque année, à dater de 1853, une somme de 4,166,666 fr. à rembourser.

» Maintenant, pourquoi la ville de Paris veut-elle, renonçant à tous ses précédens, restreindre à six années le remboursement de son nouvel emprunt? — Pourquoi, sans remonter plus haut, ne prend-elle pas le même laps de temps que celui qui lui a été accordé en 1832 pour l'emprunt des 40 millions, c'est-à-dire vingt années?

» Dira-t-on que ses prêteurs devront s'effrayer de l'exactitude scrupuleuse apportée à liquider les emprunts précédens qui, de 1809 à ce jour, se sont élevés au chiffre de 173,719,729 fr. 02 c. (1)?

» Le contraire doit être le résultat de cette exactitude, et l'empressement des prêteurs le prouvera, à quelque époque qu'on fasse l'emprunt.

» Dira-t-on que l'augmentation progressive des produits de l'octroi doive encore effrayer les prêteurs? — Nul ne le pensera.

» Cette progression, la voici, en ne nous occupant que des années qui ont suivi la révolution de juillet :

	fr.	c.
1831	19,980,769	93
1832 (époque de l'emprunt de 40 millions)	20,441,464	05
1833	26,935,682	02
1834	27,714,204	24
1835	29,085,547	40
1836	29,631,730	10
1837	30,910,853	36
1838	31,930,661	»
1839	30,709,660	83
1840	29,963,243	44
1841	31,248,003	»
1842	30,915,987	98
1843	33,431,723	»
1844	31,738,707	»
1845	34,164,942	»
1846	33,989,759	»

» Ces chiffres officiels ne sont point créés pour la cause, et doivent d'autant plus inspirer de confiance aux prêteurs, que ces produits de l'octroi ne sont portés aux budgets que

(1) M. F.-L. Martin Saint-Léon, page 131 (2e édition).

pour 30 millions, malgré leur élévation soutenue, élévation principalement due à l'accroissement incessant de la population.

» Que l'on me permette de citer encore quelques chiffres plus spécialement engagés dans la question. Lorsque l'emprunt de 40 millions a été fait, l'octroi, en bloc, ne rendait que 20 millions à peine : *les vins et alcools*, à cette même époque, ne produisaient que 7,615,722 fr. 64 c. au lieu de 12 millions qu'ils ont rendu, dans la mauvaise année 1846, et qu'ils n'ont cessé de rendre à peu près depuis 1834.

» Voici les chiffres annuels de ces perceptions :

		fr.	c.
Alcools, vins et cidres,	1831	7,497,930	90
	1832 (époque de l'emprunt de 40 millions)....	7,615,722	64
	1833....................	10,485,650	47
	1834....................	11,329,839	49
	1835....................	11,924,097	42
	1836....................	11,804,729	64
	1837....................	11,918,947	»
	1838....................	12,264,618	04
	1839....................	11,791,028	99
	1840....................	11,369,509	54
	1841....................	12,668,767	82
	1842....................	12,603,318	29
	1843....................	13,287,434	»
	1844....................	12,462,420	10
	1845....................	13,750,550	14
	1846....................	12,444,003	»

» Les prêteurs ont eu confiance dans la ville de Paris et lui ont prêté 40 millions, remboursables par fractions réparties entre vingt années successives, alors que l'octroi rendait 20 millions au lieu de 34 millions, alors que les vins et alcools spécialement, au lieu de 12 millions et demi, n'en donnaient que 7 et demi.

» Ces mêmes prêteurs hésiteront-ils à prêter à la ville de

Paris 25 millions (une somme qui est à peine au dessus de la moitié du dernier emprunt) pour le même nombre d'années, avec un octroi porté à 31 millions? Je pense qu'ils n'hésiteront pas.

» Cela étant, voici le résultat de l'emprunt de 25 millions, fait dans ces conditions de remboursement échelonné sur une série de vingt années. Le remboursement annuel du capital se bornerait à une somme de 1,250,000 fr. Entre cette somme, comparativement minime, et celle de 4,166,666 fr., mode proposé par M. le Préfet de la Seine, il y a tout juste, en arrondissant les nombres, une différence annuelle de 3 millions.

» L'on peut donc, sans nuire aux dépenses prévues, se passer de ces 3 millions annuels. On aurait 3 millions de moins à dépenser, on aura 3 millions de moins à recevoir.

» Par ce moyen, toutes choses marcheront d'un pas normal et assuré, et les Chambres ne seront pas appelées à abroger la loi de juin 1842.

» J'ose espérer que M. le Ministre de l'intérieur partagera ces convictions, et ne voudra point porter au parlement le second des vœux du Conseil municipal de Paris... »

(*De l'emprunt de 25 millions, de l'octroi municipal de Paris*, par M. Dupérier. — Brochure de 18 pages, imprimée chez Vinchon, rue J.-J. Rousseau, 8.)

Annexe B.

Nous reproduisons ici un extrait de la brochure que nous avons publiée, il y a trois ans, et dans laquelle nous avons montré l'influence des diverses modifications du droit, à Paris, sur la consommation du vin :

De 1806 à 1830, le tarif des droits à prélever sur les vins, aux barrières de Paris, a été modifié sept fois. Pour apprécier sainement les résultats de ces modifications diverses, nous avons relevé les chiffres qui constatent la quantité d'hectolitres de vin introduits dans Paris, durant chacune de ces vingt-cinq années. Divisant les vingt-cinq années en sept périodes, correspondant aux sept tarifs différens, nous avons comparé chaque moyenne prise isolément avec la moyenne de la période précédente. Opérant de même pour les droits, nous sommes arrivé aux résultats suivans :

De 1806 à 1808, le droit étant de 17 fr. 50 c., la consommation moyenne, par année, fut de 971,479 hectolitres.

De 1809 à 1811, une augmentation de 2 fr. 50 c. sur le droit réduisit la consommation de 540,000 hectolitres, en moyenne, par année.

En 1812, une augmentation de 1 fr. 50 c. sur le droit donna une diminution de 78,518 hectolitres.

De 1813 à 1815, le droit s'étant élevé à 23 fr. 80 c., la consommation descendit à 730,771 hectolitres ; ce qui donne sur la consommation moyenne, par année, de la période précédente, une réduction de 161,650 hectolitres.

De 1816 à 1818, le tarif le plus élevé se trouvant en vigueur, la plus faible consommation des vingt-cinq années se produisit. Le droit était de 28 fr. 05 c., la consommation ne fut que de 510,896 hectolitres. Dix années auparavant, sous un droit plus faible, le chiffre de la consommation moyenne, par année, dépassait celui-ci de près d'un demi-million d'hectolitres. Assurément, la population et la richesse de Paris s'étaient accrues durant le cours des dix années qui séparèrent les deux périodes; mais ni l'accroissement de la population, ni les progrès de la richesse, ces deux causes si actives de l'accroissement des consommations, ne purent détruire l'influence désastreuse d'un tarif élevé.

En 1819, s'arrêtent à la fois la période ascendante du droit et la période descendante de la consommation.

De 1819 à 1822, une diminution sur le droit donne une augmentation de 328,326 hectolitres sur la consommation moyenne de chaque année.

Enfin, de 1823 à 1830, une réduction de 3 fr. 30 c. sur le droit correspond à une augmentation moyenne de 100,000 hectolitres par année.

Ainsi, dans une période de vingt-cinq années, de 1806 à 1830, le principe qui montre les débouchés se développant dans la proportion exacte de l'abaissement des droits et se réduisant sous une influence inverse, a reçu des faits une éclatante consécration.

Voici le tableau détaillé que nous avons dressé avec le plus grand soin :

QUOTITÉ des droits d'entrée et d'octroi, A PARIS, dans chaque période.	QUANTITÉ D'HECTOLITRES DE VIN INTRODUITS DANS PARIS.		RÉSULTATS.
1re Période. Droits d'entrée et d'octroi, 17 fr. 90 c.	1806 — 936,186 1807 — 940,351 1808 — 1,037,902	Année moyenne. 971,479 hect. 66 lit	
2e Période. Droits, 20 fr. 10 c.	1809 — 997,403 1810 — 977,312 1811 — 948,105	Année moyenne, 970,940 hect.	*Augmentation* sur le droit précédent, 2 fr. 20 c. *Diminution* sur la consommation, 539 hect. 66 l.
3e Période. Droits, 21 fr. 60 c.	1812 — 892,422	892,422 hect.	*Augmentation* du droit, 1 fr. 50 c. *Diminution* de la consommation, 78,518 hect.
4e Période. Droits, 23 fr. 80 c.	1813 — 815,698 1814 — 728,758 1815 — 647,859	Année moyenne, 730,771 hect. 66 lit.	*Augmentation* du droit, 2 fr. 20 c. *Diminution* de la consommation, 161,650 h. 34 l.
5e Période. Droits, 28 fr. 05 c.	1816 — 592,803 1817 — 417,006 1818 — 522,891	Année moyenne, 510,896 hect. 66 lit.	*Augmentation* du droit 4 fr. 25 c. *Diminution* de la consommation, 219,875 hect.
6e Période. Droits, 26 fr. 40 c.	1819 — 805,531 1820 — 890,408 1821 — 817,706 1822 — 843,246	Année moyenne, 839,222 hect. 77 lit.	*Diminution* du droit, 1 fr. 65 c. *Augmentation* de la consommation, 328,326 h. 11 l.
7e Période. Droits, 23 fr. 10 c.	1823 — 915,958 1824 — 967,465 1825 — 1,016,443 1826 — 972,650 1827 — 961,983 1828 — 965,897 1829 — 901,715 1830 — 812,283	Année moyenne, 939,299 hect.	*Diminution* du droit, 3 fr. 30 c. *Augmentation* de la consommation, 100,076 h. 23 l.

(Extrait de la brochure ayant pour titre : *Projet de pétition aux Chambres*, par M. Hippolyte Faure. — Bordeaux, 1844. — Pages 16-18. — La pétition fut signée à Narbonne par 1,069 propriétaires de vignes, et envoyée aux deux Chambres pendant la session 1844-1845.)

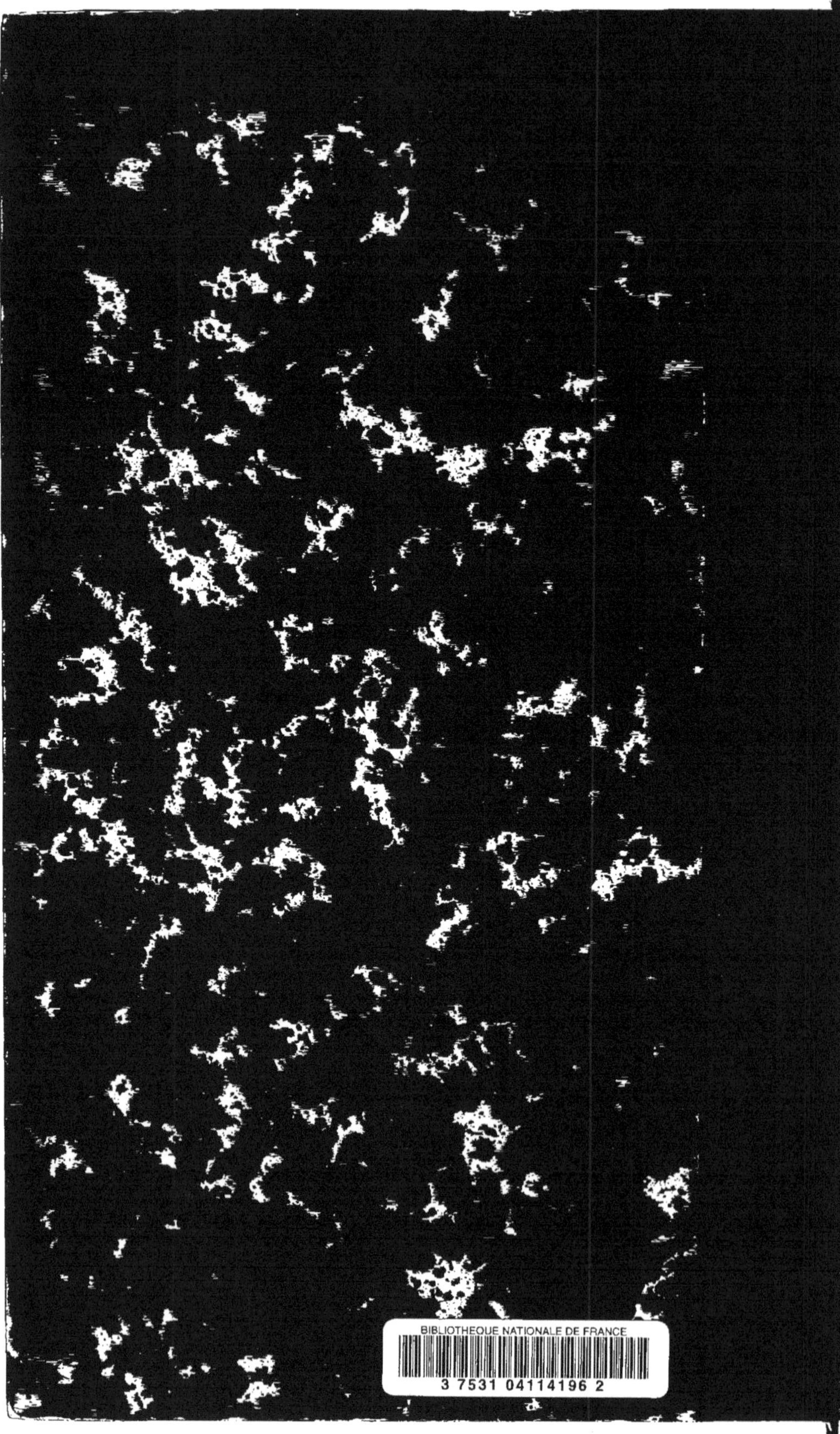

www.ingramcontent.com/pod-product-compliance
Ingram Content Group UK Ltd.
Pitfield, Milton Keynes, MK11 3LW, UK
UKHW021907260726
13966UKWH00006B/1277